Heinrich Peuckmann
Philipp von Ketteler

Tim und Anna fahren ein

Eine spannende Reise in die Welt des Bergbaus

Aschendorff Verlag

Plötzlich stehen zwei Pferde auf der Koppel, die an Annas und Tims Garten grenzt. Die Pferde drängen sich aneinander und lassen die Köpfe hängen, als wären sie müde. Oder alt. Anna und Tim müssen erst zweimal hinsehen, bevor sie glauben können, was sie sehen. Nachbar Albert, den Anna und Tim immer nur Onkel Albert nennen, sitzt auf der Bank vor seinem Gartenhäuschen, blickt auf die Wiese und scheint zu schmunzeln. Erst vor ein paar Tagen hat er einen Zaun um seine Wiese gezogen, worüber sich die beiden gewundert haben. Jetzt wissen sie den Grund. Onkel Albert wollte sich Pferde anschaffen. Aber warum dann so ruhige, die nur mal mit dem Schwanz schlagen, um Fliegen zu verscheuchen? Das müssen sie unbedingt rauskriegen, wie auf Kommando rennen sie hinüber zu ihm.
„Was hast du da für Pferde?“, ruft Anna schon von weitem.
„Kommt, setzt euch“, antwortet Onkel Albert. „Wollt ihr ein Glas Saft?“ Das sagt er immer, wenn die beiden zu ihm kommen, und weil er ihre Antwort längst kennt, zieht er sofort den kleinen Tisch vor die Bank, holt drei Gläser aus dem Gartenhäuschen und gießt Orangensaft ein.
„Nun sag schon“, drängt Tim.
„Tja, die beiden da drüben“, sagt Onkel Albert und setzt sich neben Anna und Tim auf die Bank, „die habe ich übernommen, weil sie keiner haben wollte. Die haben einer Familie mit zwei Kindern gehört. Aber nun sind die Kinder groß und aus dem Haus gezogen. Da haben die Eltern nicht gewusst, was sie mit den Tieren machen sollen. Deshalb haben sie mich gefragt, ob ich sie nicht haben will.“

„Dich“, fragt Anna erstaunt, „was hast du denn mit Pferden zu tun?“
„Na hör mal“, antwortet Onkel Albert und tut so, als wäre er ernsthaft empört über ihren Einwand, „warum sollte ich das nicht? Auf der Wiese ist doch Platz genug und außerdem hatte ich immer was mit Pferden zu tun. Ein Pferd war sogar mal mein Arbeitskollege, als ich noch ganz jung war.“
Ein Pferd als Arbeitskollege, das können sich Anna und Tim nicht vorstellen. Ungläubig schauen sie Onkel Albert an. Der nickt. „Aber ja, ihr wisst doch, dass ich Bergmann war. Hier, tausend Meter unter uns“ – dabei tritt er einmal heftig auf den Rasen – „habe ich Kohle aus der Erde gehackt. Die wurde dann in Waggons verladen und wenn genügend Waggons voll mit Kohle waren, sind sie von einem Pferd zum Füllort am Schacht gezogen worden.“ Er schaut sie an und bemerkt ihren fragenden Blick. „Schacht“, sagt er dann, „das ist das Loch, das von hier oben tief in die Erde hineinführt. Durch das die Bergleute ein- und ausfahren und die Kohle nach oben geholt wird.“
Anna nickt. Was ein Schacht bedeutet, hat sie nun verstanden. Aber die Geschichte mit dem Pferd kann sie immer noch nicht glauben. „So ein Pferd kann doch nicht in der dunklen Erde leben“, ruft sie. „Da gibt es gar keine Wiese, wo es grasen kann!“
Darüber muss Onkel Albert lachen. „Das stimmt“, sagt er, „Wiesen gibt es da unten nicht. Aber Tobias, so hieß das Pferd, hat sonst alles bekommen, was es brauchte. Einen eigenen Stall hat es gehabt, Möhren und Zucker haben wir ihm mitgebracht und manchmal, wenn wir nicht aufgepasst haben, hat Tobias auch an den Butterbroten geknabbert, die uns die Frauen für die Schicht mitgegeben haben. Darin war er besonders gut. Tobias hat immer rausgekriegt, wo wir unsere Butterbrote versteckt hatten.“
Darüber müssen Anna und Tim lachen. Ja, ein Pferd, das clever ist und sich zu helfen weiß, finden beide gut.
„Tobias war aber nicht nur beim Auffinden der Butterbrote clever“, ergänzt Onkel Albert und trinkt einen Schluck von dem Orangensaft, „der wusste auch genau, wie viel er arbeiten musste. Sechs mit Kohle beladene Waggons hat er gezogen und keinen mehr. Wenn meine Arbeitskollegen und ich mal einen Waggon mehr angespannt hatten, hat er kurz angezogen, ist dann stehen geblieben und hat gewiehert. Versucht nicht, mich reinzulegen, sollte das heißen. Ich spüre genau, dass ihr einen Wagen zu viel angespannt habt.“
„Toll, der Tobias!“, ruft Tim.

„Na, ich weiß nicht." Onkel Albert zuckt mit den Schultern. „Ich bin damals danach bezahlt worden, wie viel Kohle ich aus dem Berg hacken konnte. Manchmal lief die Arbeit wirklich gut, dann war das Flöz, also die Kohleschicht im Gestein, richtig dick, die Kohle war weich und wir konnten viel hacken. An solchen Tagen wäre es mir lieb gewesen, wenn Tobias mehr Wagen zum Schacht gezogen hätte. Dann hätte ich nämlich mehr Geld verdient. Aber dem Tobias war das egal." Onkel Albert schmunzelt. „Der hat ja seinen Lohn, also den Hafer von der Zeche und die Möhren und Butterbrote von uns, immer gekriegt, egal, wie viel Kohle wir gefördert haben oder nicht."
„Dann hat er ja völlig richtig gehandelt", sagt Anna. „Jeder muss auch ein bisschen an sich selber denken."
„Was ist denn aus Tobias geworden?", will Tim jetzt wissen.
„Irgendwann", antwortet Onkel Albert und schaut hinüber zu den beiden Pferden auf seiner Wiese, „war die Zeit der Grubenpferde vorbei. Da gab es kleine Elektroloks, die die Kohlewagen zogen. Viel mehr als Tobias bei jeder Fahrt. Der Tobias ist dann mit dem Korb, also dem Aufzug im Schacht, nach oben gebracht worden. Auf einer Wiese bei einem Bauern in der Nähe hat er seinen Lebensabend verbracht. Er war fast blind, denn nach all den Jahren in der Dunkelheit unter Tage konnten seine Augen das Licht nicht mehr vertragen."
Onkel Albert sieht die beiden an und spürt, dass sie traurig werden. „Aber mich", sagt er deshalb schnell, „mich hat er trotzdem noch erkannt. Manchmal, wenn ich von der Arbeit, also nach der Schicht, heimging, bin ich an der Wiese vorbeigegangen. Dann habe ich ihn gerufen und auf meine Stimme hat er sofort reagiert. Dann ist er sofort gekommen. Ja, und dann habe ich ihn ..."
„ ... an deinem Butterbrot knabbern lassen, stimmt´s!" ruft Tim.
„Genau, das habe ich." Onkel Albert streichelt ihm kurz über den Kopf, während er das sagt. „Er war doch mein Arbeitskollege, mein Kumpel, wie wir Bergleute sagen. Den kann ich doch nicht vergessen, oder?"
Anna und Tim schütteln den Kopf.
„Nein, einen Kumpel darf man nicht vergessen, das hast du richtig gemacht", sagt Anna.
„Jetzt versteht ihr, warum ich die beiden Pferde da drüben übernommen habe. Als die Besitzer mich fragten, habe ich gleich an Tobias denken müssen. Der hatte, als man ihn nicht mehr brauchte, noch einen schönen Lebensabend. Und den sollen die beiden da drüben auch haben."
„Eigentlich ist das komisch", sagt Tim plötzlich und reibt sich das Kinn.
„Was soll daran komisch sein, dass zwei Pferde einen schönen Lebensabend haben?", fragt Onkel Albert erstaunt.

Tim schüttelt mit dem Kopf. „Nein, nein, das meine ich nicht. Ich denke an den Bergbau. Während wir hier oben sitzen, gibt es viele hundert Meter unter uns noch eine ganz andere Welt. Eine, an die wir gar nicht denken und die wir uns auch nicht vorstellen können."
Onkel Albert nickt heftig mit dem Kopf. „Ja, das stimmt. Manchmal, wenn ich an meine Kumpels denke, habe ich denselben Gedanken. Während ich hier im Grünen sitze, arbeiten sie da unten in Staub und Hitze."
„Wenn man das mal sehen könnte", sagt Tim und schaut zuerst Anna, dann Onkel Albert an. „Das wäre toll."
Onkel kratzt sich am Ohr. „Naja, unter Tage, da dürft ihr nicht", sagt er, „da ist es für Kinder viel zu gefährlich. Aber wenn ihr wollt, kann ich euch mal eine Zeche zeigen. Wie sie über Tage aussieht, dabei gibt es auch viel zu entdecken. Auf meiner alten Zeche habe ich noch genug Kumpels, die mich kennen. Die würden uns bestimmt da rumführen."
Tim klatscht vor Freude in die Hände. „Ja, das würde ich gerne sehen." Anna nickt. Richtig begeistert scheint sie nicht zu sein, aber interessiert, ja, das ist sie auch.
Plötzlich merken sie, dass sich die beiden Pferde genähert haben. Am Zaun direkt vor ihnen stehen sie.
„Die wollen was zu futtern", erklärt Onkel Albert, greift unter die Bank und holt einen Korb mit Brot und Äpfeln hervor. „Wollt ihr es ihnen geben?"
Diesmal ist es Anna, die begeisterter als Tim ist. Während sie den Pferden abwechselnd Brot und Äpfel reichen, verspricht Onkel Albert, dass er auf der Zeche nachfragen wird, wann sie kommen dürfen.

Zwei Tage später ist es so weit. Mit einem Bus fahren Onkel Albert, Anna und Tim zur Zeche in Richtung Stadtrand. Immer wieder steigen Männer zu und setzen sich schweigend auf einen der Sitze. Einer von ihnen aber lacht, als er die drei in der Sitzreihe entdeckt.
„Mensch Albert", ruft der Mann, „was machst du denn hier? Willst du wieder einfahren?"
„Nene", winkt Onkel Albert ab, „dafür bin ich jetzt doch zu alt. Ich will meinen Freunden Anna und Tim nur mal die Zeche zeigen. So wie sie oben aussieht."
„Schön, dass sich junge Leute für unsere Arbeit interessieren", ruft der Mann.
„Einfahren", fragt Tim leise Onkel Albert, „was ist das?"
„Wenn ich einfahre", antwortet Onkel Albert, „dann bringt mich der Korb tief nach unter Tage. Ich zeige es euch."
Korb, denkt Tim, was ist das jetzt wieder, aber er unterdrückt seine Frage. Sie werden es ja sehen, Onkel Albert hat es ja versprochen.
Tatsächlich stehen die drei kurze Zeit später vor dem Zechentor. Es ist ein Gittertor, das ein Mann, der aus einem kleinen Häuschen neben dem Tor tritt, ein paar Meter aufschiebt. Die Männer aus dem Bus schleichen sich hindurch und verschwinden in einem der Gebäude, die am Rande eines großen Platzes stehen.
„Da bist du ja, Albert", ruft der Mann, als er Onkel Albert, Anna und Tim entdeckt. „Und das sind wohl deine beiden Freude, die sich für uns Bergleute interessieren?"

Onkel Albert nickt. „Ja, das sind sie." Dann stellt er Anna und Tim den Mann vor. „Mit Wolfgang", erklärt Onkel Albert, „habe ich in meinen letzten Jahren auf der Zeche zusammen gearbeitet. Wolfgang sieht die beiden Kinder an und lächelt. „Das stimmt", ergänzt er. „Damals waren wir beide noch unter Tage, direkt vor Kohle. Jetzt verbringe ich meine letzten Arbeitsjahre hier oben als Pförtner." Dann lacht er. „Aber jetzt verlasse ich mein Pförtnerhäuschen", sagt er, „jetzt zeige euch mal unsere Zeche."

Bevor sie losgehen, bringt er aber erst mal für alle Helme. „Die muss jeder aufsetzen, der über das Zechengelände geht", erklärt er.

Onkel Albert passt der Helm gut. Kein Wunder, der hat ja viele Jahre lang einen getragen. Aber für Anna und Tim ist er sehr groß. Wolfgang muss das Lochband verstellen, damit der Helm den beiden nicht ins Gesicht rutscht. Dann überqueren sie den großen Platz, vorbei an einem Bürohaus, in dem die Verwaltung der Zeche arbeitet, und laufen auf ein großes Eisengerüst zu, an dessen Spitze sich zwei Räder drehen. Das ist der Förderturm, weiß Tim, weil es ihm Papa mal erklärt hat. Von vielen Orten der Stadt aus kann man den großen Eisenturm sehen. Unter dem Turm müssen sie erst eine Treppe hinauflaufen, dann stoßen sie auf ein Gittertor, hinter dem sich zwei dicke Stahlseile bewegen. Ein Mann mit Helm steht davor, schaut auf das Gitter und scheint auf etwas zu warten. Tim entdeckt, als er sich mit Wolfgangs Einverständnis etwas vorbeugt, dass hinter dem Gitter ein großes Loch gähnt, in das die Stahlseile hineinführen. Mit offenem Mund tritt er ein wenig näher heran und starrt auf das Loch, aus dem die Stahlseile etwas hochzuziehen scheinen.

„Ja, hier beginnt der Schacht", sagt Wolfgang im selben Moment. „Hier, auf dieser Seite, werden mit den Körben die Bergleute rauf- und runtergebracht. Und deshalb heißt das Ganze Seilfahrt, wenn Bergleute damit fahren."

Im selben Moment taucht aus dem Loch ein Kasten auf, der aussieht wie ein übergroßer Fahrstuhl. Der Mann mit dem Helm läutet zuerst eine Glocke, dann schiebt er das Gitter zur Seite, gleichzeitig öffnen sich die Türen und Männer mit pechschwarzen Gesichtern kommen heraus. Auch sie tragen Helme, an denen über dem Augenschutz kleine Lampen befestigt sind. An ihren grauen Jacken und Hosen klebt schwarzer Staub.

„Mein Gott, wie sehen die denn aus?" Anna hält vor Schreck eine Hand vor den Mund.

„Wie Schwarze", grinst Tim, „ja, wie Leute aus Afrika, so sehen die aus."

Darüber muss Onkel Albert so laut lachen, dass ein paar von den Männern zu ihnen herüberschauen. In den schwarzen Gesichtern, merken Tim und Anna, blitzen die Augen besonders hell.

„Ne, aus Afrika kommen die nicht", sagt Onkel Albert, als er sich wieder einkriegt, „nur aus tausend Metern Tiefe. Wir Bergleute sagen aber nicht Tiefe, sondern Teufe. Und da unten, in tausend Metern Teufe, werden Bergleute so dreckig, weil sie bei der Arbeit schwitzen und ihnen der Kohlenstaub im Gesicht festklebt."
Wolfgang nickt. „Kommt, ich zeige euch mal, wo die Männer wieder sauber werden."
Sie folgen den Bergleuten in ein großes Gebäude. Im Gang stecken die Bergleute einer nach dem anderen einen merkwürdigen Kasten in ein Gerät.
„Was ist das denn für ein Kasten?", will Tim wissen.
„Das ist ein Akku", erklärt Onkel Albert. „Eine Batterie, mit der die Lampe am Helm betrieben wird. Die muss nach jeder Schicht wieder aufgeladen werden, damit die Bergleute unter Tage nicht plötzlich im Dunkeln stehen. Das Gerät, in das sie den Akku stecken, ist ein Ladegerät. Damit ist die Batterie schnell wieder aufgeladen."
Anschließend kommen sie in einen großen Raum, in dem Ketten von der Decke hängen. Anna und Tim sehen, wie die Männer beginnen, ihre dreckigen Klamotten auszuziehen. Dann ziehen sie an der Kette, ein Haken kommt herunter und sie hängen die Arbeitsklamotten daran.
„Das nennt man hier Kaue", erklärt Wolfgang. „In dieser Halle ziehen die Bergleute ihre dreckige Arbeitskleidung aus. Schwarzkaue heißt sie deshalb. Und wenn sie sich ausgezogen haben, ziehen sie den Haken hoch. Dann hängt ihre Arbeitskleidung unter der Decke so sicher wie in einem Schrank, kann dort oben trocknen und es riecht nicht nach Schweiß. Danach gehen sie in den Raum nebenan. Dort gibt es Duschen, in denen sie sich abschrubben können."
„Solange, bis sie wieder weiß sind", ergänzt Onkel Albert.
„Genau." Wolfgang grinst. „Hier vorne gehen die Bergleute dreckig rein und drüben, am Ausgang, kommen sie sauber raus. Dann können sie sich in der Weißkaue anziehen, nach Hause fahren und niemand sieht ihnen mehr an, dass sie zwischendurch wie Schwarze ausgesehen haben." Während er das sagt, grinst er und schaut Anna dabei an.

Danach zeigt er ihnen den Förderschacht, wo die Kohle in großen Gefäßen nach oben kommt.
„Darum geht es uns", erklärt Wolfgang. „Das ist die Kohle, die wir brauchen, damit wir es im Winter kuschelig warm haben und damit in den Hochöfen Stahl gekocht werden kann. Und Strom wird auch daraus erzeugt, damit ihr immer Licht in euren Zimmern habt. Vorher muss die Kohle aber noch in die Wäsche."
„Damit sie auch so sauber wird wie die Bergleute nach der Schicht?", fragt Anna.
Onkel Albert und Wolfgang lachen. „Meinst du, dass die Kohle weiß wird?", fragt Onkel Albert dann und Wolfgang muss noch lauter lachen.
Anna kommt sich blöd vor. War das denn so dumm, was sie gefragt hat?
„Kohle bleibt immer schwarz", erklärt Wolfgang, „da kannst du waschen so viel du willst. Aber es liegen immer Steine dazwischen und die werden rausgewaschen. Mit Steinen kann man ja keinen Ofen heizen."
„Und was mit den Steinen geschieht, das zeige ich euch gleich auch noch", ergänzt Onkel Albert. Vorher aber überqueren sie zusammen den Zechenplatz, um dessen Ränder all die Gebäude mit der Verwaltung, der Kaue, der Wäsche und der große Förderturm stehen und gehen zurück zum Gittertor am Eingang. Wolfgang verschwindet kurz im Pförtnerhäuschen und kommt mit zwei Flaschen Sprudel für Anna und Tim zurück. Für sich und Onkel Albert hat er einen Schluck Kaffee aus einer Thermosflasche.
Kurz darauf sitzen die drei wieder in einem Bus. Diesmal geht es ans andere Ende der Stadt, ganz in die Nähe zur Lippe.
„Na, war das gut?", fragt Onkel Albert zwischendurch. Die beiden nicken.
„Mir haben besonders die schwarzen Gesichter gefallen", antwortet Anna.
Onkel Albert nickt. „Das glaub ich dir. Aber kommt jetzt bloß nicht auf die Idee, so schwarz vom Spielen nach Hause zu kommen wie die Bergleute es nach der Schicht sind, dann kriege ich noch Ärger mit eurer Mama. Und was hat dir gefallen, Tim?"
„Ich habe am meisten über den Schacht gestaunt. Über das tiefe Loch, das tausend Meter in die Erde führt."
Onkel Albert nickt. „Ja, wie weit ein Bergwerk in die Tiefe führt, darüber muss ich auch bis heute staunen. So ein Bergwerk hat übrigens verschiedene Stockwerke. Der Bergmann sagt aber nicht Stockwerk, sondern Sohle. Die erste Sohle liegt in manchen Bergwerken bei sechshundert Metern Teufe, die tiefste führt in einem Bergwerk im östlichen Ruhrgebiet bis auf tausendfünfhundert Metern in die Erde." Er schüttelt ein wenig den Kopf dabei, während er das sagt. So tief, das kommt selbst Onkel Albert unglaublich vor.

Direkt neben einem Berg, an dem Anna und Tim schon oft mit Papa vorbeigefahren sind, steigen sie aus. Was will Onkel Albert denn hier? Was hat denn der Berg mit der Zeche zu tun? Tim und Anna blicken sich fragend an.
„Das ist er“, erklärt Onkel Albert, „es ist der Berg, der über viele Jahre gewachsen ist.“
Ein Berg, der wächst? Wieder schauen sich die beiden verwundert an. Onkel Albert liebt es ganz offensichtlich, sie zu verwirren.
„Doch, der Berg ist langsam, aber stetig gewachsen“, fährt Onkel Albert fort, weil er Tims und Annas fragende Blicke bemerkt hat. „Los, lasst uns mal raufklettern.“
Bevor die beiden etwas erwidern können, ist Onkel Albert schon vorgelaufen. Ein schmaler Weg schlängelt sich den Berg hoch, rechts und links wächst Gras, manchmal stehen Büsche am Wegrand. An einer Stelle, als sie den Berg schon halb hochgelaufen sind, wachsen ein paar Bäume. Aber sie sind klein und sehen aus, als wären sie erst kürzlich gepflanzt worden.
Komischer Berg, denkt Anna und wischt sich über die Stirn, weil sie zu schwitzen beginnt. Was will Onkel Albert hier bloß mit ihnen?
Plötzlich tritt auf der einen Wegseite nackter Stein hervor. Onkel Albert weist mit dem Zeigefinger hinüber.
„Schaut mal da drüben die Steine. Ahnt ihr jetzt, was das für ein Berg ist?“
Anna und Tim zucken mit den Schultern.
„Na, so schwierig ist es auch nicht“, lässt Onkel Albert nicht locker, „überlegt doch mal.“
Tim hat plötzlich eine Idee. „Sind das etwa die Steine, die mit der Kohle auf der Zeche gefördert werden?“, fragt er.
Onkel Albert nickt. „Genau, das sind sie. Mit all den Steinen, die auf allen Zechen der Umgebung aus der Kohle gewaschen wurde, ist hier ein Berg aufgeschüttet worden. Natürlich ging das nicht von heute auf morgen, Jahre hat das gedauert, in denen der Berg immer ein Stückchen gewachsen ist. Bis er so groß war wie heute. Und dann ist Erde aufgekippt worden und Büsche und Bäume sind darauf gepflanzt worden.“
Tim nickt. Daher also der Berg mitten in der flachen Landschaft, wo man eigentlich keinen erwarten sollte. Ursprünglich war hier auch keiner, bis die Leute von der Zeche angefangen haben, hier einen aufzuschütten.
„Halde nennt man solche Berge“, erklärt Onkel Albert. „Wenn ihr aufpasst, seht ihr sie an vielen Stellen im Ruhrgebiet.“

Am Ende stehen sie nebeneinander auf der Spitze der Halde. Eine Holzhütte ist hier aufgebaut worden mit einem Grillplatz davor. Hier kann man gemütlich feiern mit einem wunderbaren Blick in die Landschaft, stellen Anna und Tim fest.
Zu ihren Füßen sehen sie nämlich ihre Stadt mit der Kirche in der Mitte, die ihnen plötzlich ganz klein vorkommt, mit der Schule ein Stückchen dahinter, in die Anna und Tim jeden Morgen gehen und sogar ihr Wohnhaus können sie entdecken. Etwas verdeckt hinter hohen Bäumen liegt es und daneben sind die Hütte und die Wiese von Onkel Albert zu sehen. Aber so sehr sich Anna und Tim auch anstrengen, die beiden Pferde können sie nicht erkennen, dafür ist das alles viel zu weit entfernt. Eine Zeitlang genießen sie den Anblick, dann drängt Onkel Albert zum Aufbruch.
„Los, sonst kommt ihr noch zu spät nach Hause."
So sehr drängt es nicht, denken Anna und Tim. Mama und Papa wissen ja, dass die beiden mit Onkel Albert unterwegs sind, deshalb machen sie sich keine Sorgen.
Bevor sie nach Hause gehen, sitzen die drei noch ein wenig vor Onkel Alberts Hütte, essen Käsebrötchen, die Onkel Albert geschmiert hat und trinken Sprudel. Nur Onkel Albert nicht, der trinkt ein Bier dazu.
„Wenn man so richtig auf dem Pütt war", erklärt er, „hat man sich ein Bier verdient. Das war schon früher meine Einstellung."
Die beiden Pferde kommen an den Zaun, strecken ihren Kopf herüber und wiehern leise.
„Die wollen auch etwas zu fressen", sagt Onkel Albert. Während die drei die Pferde mit trockenen Brötchen und Äpfeln füttern, hören Anna und Tim, dass Onkel Albert eines der Pferde Tobias nennt. Klar, wie denn auch sonst? Das andere heißt Romy.

Furchtbar viel konnten Anna und Tim nach dem Besuch auf der Zeche ihren Eltern erzählen. Es sprudelte nur so aus ihnen heraus, so dass Mama und Papa sie immer wieder unterbrechen mussten, weil sie so schnell gar nicht alles verstehen konnten. Prima ist der Ausflug mit Onkel Albert gewesen und Dinge haben sie gesehen, von denen sie vorher gar nicht wussten, dass es sie gab. Als die beiden ihn aber zwei Tage später wieder besuchen, ist Anna schlechter Laune. Sie zieht die Stirn in Falten und macht ein brummiges Gesicht. Und Tim schaut sie schon gar nicht an.

„Nanu, was ist denn los?", fragt Onkel Albert und ahnt schon, dass es Streit gegeben hat. „Ist dir eine Laus über die Leber gelaufen, Anna?"

„Der da", sagt Anna, zeigt auf Tim und schaut ihn auch jetzt nicht an, „der duscht jeden Morgen so lange, dass ich nicht ins Bad kann. Immer stehe ich vor der abgeschlossenen Tür und kann dagegen klopfen so lange ich will. Nie lässt der mich unter die Dusche."

„Gar nicht wahr", ruft Tim, „Anna ist es, die immer lange duscht. Nur wenn ich mal vor ihr im Bad bin, ist sie sauer, weil sie nicht warten kann. Immer will sie vor mir dran sein."

„Nana, nun streitet euch doch nicht deshalb", antwortet Onkel Albert. „Wenn ich solche Probleme früher gehabt hätte, wäre ich glücklich gewesen."

Anna und Tim schauen sich überrascht an. Wieso soll man darüber glücklich sein, wenn man vor dem Duschen lange warten muss?

Onkel Albert bemerkt ihre Verwunderung. „Na, ihr seid gut", sagt er deshalb, „glaubt ihr denn, dass es in meiner Kindheit Duschen gegeben hat? Nicht mal ein Badezimmer gab es in Bergarbeiterfamilien wie meiner."

„Kein Badezimmer?“ Jetzt sind Anna und Tim noch überraschter.
„Ja, seid ihr denn dann ...“ Tim wagt gar nicht auszusprechen, was er denkt.
„ ... seid ihr denn dann immer dreckig rumgelaufen?“, ergänzt Anna.
Onkel Albert grinst. „Ne, dreckig waren wir nicht. Jedenfalls nicht so, wie du dir das vorstellst. Statt jeden Tag zu duschen haben wir einmal in der Woche gebadet.“
„Ohne Badezimmer?“, fragt Tim.
„Genau, ganz ohne Badezimmer. Meine drei Brüder, meine beiden Schwestern und ich sind jeden Samstag in der Küche gebadet worden.“
Er schaut die beiden an, als erwarte er wieder eine ihrer Fragen, aber die beiden schweigen. Onkel Albert hat ihnen schon manches erzählt, was unglaublich klang und trotzdem ist es wahr gewesen.
„Jeden Samstag hat meine Mutter eine Zinkbadewanne in der Küche aufgestellt“, beginnt Onkel Albert zu erzählen. „Dann hat sie in großen Kesseln auf dem Herd Wasser warm gemacht und es in die Wanne gekippt. Einer nach dem anderen von uns ist darin gebadet worden. Zuerst waren meine beiden Schwestern dran, dann kamen wir Jungen, alle dem Alter nach. Zuerst die Kleinen, dann die Großen. Weil ich der jüngste Sohn war, kam ich direkt nach meinen Schwestern dran. Da hatte ich es besser als mein ältester Bruder Ernst, der immer erst als Sechster und Letzter von uns gebadet wurde.“
„Alle sechs in einer Badewanne ...“ Anna merkt gar nicht, dass sie das laut sagt.
„Ja, alle sechs“, nickt Onkel Albert und lacht dann. „Natürlich nicht gleichzeitig, dafür war die Zinkbadewanne viel zu klein. Aber nacheinander. Während wir von meiner Mutter in der Badewanne abgeschruppt wurden, kochte auf dem Herd stets frisches Wasser in den Kesseln, denn nach jedem zweiten Kind wurde das Wasser gewechselt. Dann mussten wir unserer Mutter helfen, mit Schüsseln die Zinkbadewanne zu leeren und das schmutzige Badewasser in den Spülstein zu kippen. Oft genug ist etwas auf den Boden geflossen, das dann sofort aufgewischt werden musste. Es war ja ein Holzfußboden in der Küche und wenn der dauernd nass wird, beginnt er zu faulen. Also, zwei halfen beim Ausschütten und einer musste wischen. Dreimal kam frisches Wasser in die Wanne und manchmal, wenn wir Kinder fertig waren, schickte uns unsere Mutter in unsere Kinderzimmer und setzte sich selbst in die Wanne. Dann hat sie sich auch gebadet. Nur mein Vater, der brauchte das nicht.“
„Klar.“ Tim nickt. „Der hatte ja die Kaue auf der Zeche.“
„Den ganzen Samstagnachmittag hat das gedauert“, fährt Onkel Albert fort, „aber wenn eines von meinen Geschwistern gemeckert hätte, dass es schneller dran kommen möchte, hätte es Ärger mit meiner Mutter gegeben. Und wie! Alles ging schön der Reihe nach. Dabei habe ich warten gelernt.“

Anna und Tim schauen betreten auf den Boden. Sie haben gemerkt, dass Onkel Albert mit seinem letzten Satz sie gemeint hat. Warten lernen sollen sie auch und nicht immer drängeln. Das sagen ihre Eltern genauso.
„Aber nicht nur beim Baden mussten wir Rücksicht nehmen“, sagt Onkel Albert, „auch sonst. Glaubt ihr denn, wir hätten jeder ein eigenes Zimmer gehabt?“ Er schüttelt mit dem Kopf. „Zwei Kinderzimmer gab es bei uns. Eins für die Mädchen und eins für uns Jungen. Und weil in unserem Zimmer vier schlafen mussten, aber keine vier Betten hineinpassten, haben wir zu zweit in einem Bett geschlafen. Erst als ich acht Jahre alt war und mein ältester Bruder Ernst auszog, habe ich ein eigenes Bett bekommen. Aber glaubt bloß nicht, dass es schrecklich war, so zu leben. Ich habe es ja nicht anders gekannt und mit meinem zweitjüngsten Bruder, mit dem ich acht Jahre lang das Bett geteilt habe, habe ich bis heute den besten Kontakt. Wir sind nicht einfach Brüder, wir sind Freunde fürs Leben.“
Anna und Tim schauen sich an. Jeder weiß, was der andere denkt. Im Vergleich zu dem, wie Onkel Albert leben musste, denken sie, haben sie es gut. Sehr gut sogar. Was hat so ein bisschen Warten vor dem Duschen schon zu bedeuten?
Onkel Albert hat plötzlich Lust, von früher zu erzählen. Anna und Tim kennen das, Papa und Mama tun das auch manchmal.
„Ganz früher“, erzählt Onkel Albert, „gab es in manchen Bergarbeiterfamilien auch noch Kostgänger. Das waren junge Bergleute, die noch nicht verheiratet waren. Die wohnten als Untermieter bei einer Bergarbeiterfamilie und wurden von der mitversorgt. Volle Kost, das hieß schlafen in einem Bett in irgendeinem Raum und essen mit der Familie. Es gab auch Kostgänger, die sich ein Bett teilen mussten. Dann hat der eine in dem Bett geschlafen, während der andere auf Schicht war. So haben viele Bergleute gelebt. Auch mein Vater hat so gewohnt, bevor er meine Mutter kennenlernte. Aber weil es dadurch in den Familien noch weniger Platz gab, hat er selbst später keinen Kostgänger haben wollen, obwohl wir das Geld, das volle Kost brachte, gut hätten gebrauchen können.
Hinter jedem Haus in der Zechensiedlung gab es einen Stall mit der Toilette darin. Ein Plumpsklo war das, auf dem wir Kinder saßen. Im Winter war es bitterkalt. Immer wenn ich auf der Toilette gewesen war, hatte ich blau gefrorene Beinchen. Und neben der Toilette gab es einen Bretterverschlag, in dem die Bergleute eine Ziege hielten. Eine Bergmannskuh, wie man das nannte, denn sie wurde hauptsächlich wegen der Milch gehalten. Die Kinder sollten Milch trinken, damit sie kräftig wurden. Und das mussten sie, denn die Kinder von Bergleuten, so war das damals, wurden wieder Bergleute.“
Onkel Albert macht eine kleine Pause. „Erst bei meinen Kindern wurde das anders“, sagt er dann. „Mein Sohn Torsten, den ihr ja auch kennt, ist Lehrer geworden. Ein Bergarbeiterkind, das Lehrer wird, so etwas war zu meiner Jugendzeit noch unmöglich.“

Anna und Tim spüren, dass Onkel Albert ihnen die letzten Sätze nicht allein deshalb sagt, weil er ihnen etwas über seine Kindheit erzählen will. Nein, sie spüren, wie stolz Onkel Albert auf seinen Torsten ist. Klar, Torstens Leben verläuft ganz anders als das von Onkel Albert und von dessen Vater.
„Viele Bergleute haben das Dach des Stalles ausgebaut und dort oben Tauben gehalten. Einen Taubenschlag nennt man das. Meine Kindheit kann ich mir gar nicht ohne Tauben vorstellen. Überall auf dem Dachfirst saßen sie, oft haben sie bei ihrem Flug eine unsichtbare Acht an den Himmel gemalt."
„Eine unsichtbare Acht", fragt Anna, „was ist denn das?"
„Ja, das ist merkwürdig", erklärt Onkel Albert. „Taubenschwärme fliegen oft in zwei Kreisen am Himmel, mit dem Schnittpunkt über ihrem Schlag. Mein Vater hat keine Tauben gehalten, aber mein Onkel. Viele Tauben aus seiner Zucht haben auf Ausstellungen und Wettbewerben Preise gewonnen. Wenn eines von uns Kindern richtig krank war, hat er zwei geschlachtete Tauben vorbeigebracht. Damit hat meine Mutter dann Taubensuppe gekocht, die sehr kräftig war. Die hat uns geholfen, dass wir schnell wieder auf die Beine kamen."
Onkel Albert schaut die beiden jetzt fragend an. „Langweile ich euch mit meinen alten Geschichten?"
„Ne", rufen Anna und Tim gleichzeitig, „es ist spannend zu hören, wie das Leben früher war."
„Vielleicht streitet ihr euch ja auch weniger, wenn ihr wisst, wie wir früher gelebt haben." Onkel Albert sagt das und lacht. „Ach was, das wird schon nicht passieren. Alle Geschwister streiten sich manchmal, das war bei mir und meinen Brüdern und Schwestern nicht anders. Nur dass es damals um was anderes ging."
„Um was denn zum Beispiel?", will Tim wissen.
Onkel Albert grinst. „Zum Beispiel, wer das Mutterklötzchen klein hacken musste", antwortet er dann. „Das Mutterklötzchen, was ist denn das?"
„Das ist ein baumstammrundes Stück Holz aus einem Holzstempel, das die Bergleute von der Zeche mitbrachten. Wir Kinder mussten es klein hacken in schmale Pinne, mit denen wir Feuer im Ofen anfachten. Erst wenn das Holz brannte, konnten wir Kohlen darauf kippen. Darum zum Beispiel haben wir uns gestritten. Meistens ging es darum, wer es machen musste, manchmal aber haben wir uns auch darum gestritten, wer es machen durfte. Holz zu hacken hat meinem jüngsten Bruder und mir Spaß gemacht. Ja, da staunt ihr, aber so was gibt es auch."

„Bei uns gibt es so was auch“, antwortet Anna. „Tim und ich müssen Mama beim Haushalt helfen. Das tun wir ehrlich gesagt nicht so gerne, aber wenn, dann wollen wir beide am liebsten mit dem Staubsauger den Teppich saugen. Dann streiten wir uns darum, wer das machen darf.“
„Klar.“ Onkel Albert nickt. „Staub saugen ist mir von der Hausarbeit auch am liebsten. Seit meine Frau gestorben ist, gibt es aber keinen Streit mehr deshalb. Seitdem muss ich alle Arbeiten erledigen.“
Die beiden spüren, wie Onkel Albert traurig wird. Bestimmt liegt es daran, dass Onkel Albert an seine Frau denken muss. Vielleicht aber auch ein kleines bisschen deshalb, weil er durch seine Erzählung wieder an seine Kindheit erinnert wurde.
„Komm, lass uns die beiden Pferde füttern“, sagt Anna deshalb schnell, um Onkel Albert aufzuheitern. „Die warten doch schon längst auf uns.“
Als sie zur Weide kommen, erleben sie eine große Überraschung. Nicht nur Tobias und Romy kommen von ihren Rufen angelockt an den Zaun, auch eine Ziege meckert fröhlich zur Begrüßung.
„Wie kommt die denn hierher?“ Tim kann zuerst gar nicht begreifen, was er da vor sich sieht, während Anna den Grund schon ahnt.
„Lass mich raten!“, ruft sie. „Eine Familie ist vorbeigekommen und hat gefragt, ob du sie übernehmen kannst. Sie hätten jetzt keinen Platz mehr für sie, stimmt´s?“
Onkel Albert nickt. „Genauso war es. Und soll ich etwa sagen: Pferde, ja, die nehme ich. Aber Ziegen will ich nicht haben. Was kann die Ziege dafür, dass sie eine Ziege ist?“
„Ganz richtig ist das nicht, was du da sagst“, antwortet Tim. „Eine Ziege ist nicht nur eine Ziege, sondern auch eine Bergmannskuh. Das habe ich heute gelernt.“

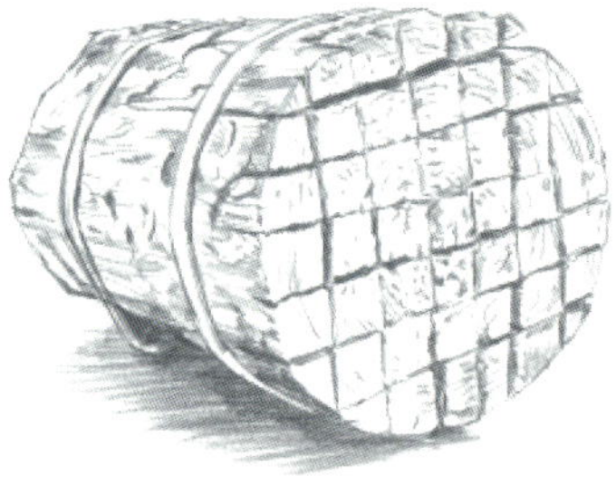

Als Anna und Tim eines Tages zu Onkel Albert kommen, ist der ganz einsilbig.
„Wie geht es?", fragt Tim.
„Geht so."
„Und sonst? Ist irgendwas los?"
„Nichts."
So kennen die beiden Onkel Albert gar nicht.
„Ist eines von den Tieren krank?", fragt Anna.
„Ne, warum?"
„Weil ... weil du ..."
„ ... so abweisend bist", ergänzt Tim.
„Ich bin nicht abweisend", antwortet Onkel Albert gereizt, „das ist es nicht." Dann greift er nach einer Zeitung und hält sie den beiden unter die Nase.
„Großes Bergwerksunglück in Russland", steht da. „25 Bergleute verschüttet."
Die beiden wissen, dass sich Onkel Albert für alles interessiert, was mit Bergbau zu tun hat. Aber Russland, das ist doch unendlich weit entfernt und von den verschütteten Bergleuten kennt er bestimmt keinen.
„Nein, die sind mir wirklich unbekannt", antwortet Onkel Albert, als Tim ihm sagt, was er denkt. „Aber wenn ich von einem Unglück im Bergwerk höre, fallen mir sofort schreckliche Erinnerungen ein."

Ruhrgebiet Nachrichten
Bergwerksunglück in Russland
25 Bergleute verschüttet

„Was denn für Erinnerungen?", will Anna wissen.
„Ich bin selbst mal verschüttet worden", antwortet Onkel Albert. „Ich habe selbst mal erlebt, wie das ist, wenn man tief in der Erde gefangen ist."
„Wie ist das denn?", will Anna wissen, weil sie sich das überhaupt nicht vorstellen kann.
Die drei setzen sich auf Onkel Alberts Bank und blicken hinüber zur Wiese, auf der die beiden Pferde und die Ziege grasen.
„Passt auf", erklärt Onkel Albert. „Den Ort, wo man die Kohle gewinnt, nennt man Streb. Im Streb sitzen die Bergleute mitten im Flöz, in der Kohle, zwischen Hangendem (Decke) und Liegendem (Boden). Mit einem Presslufthammer musste man die Kohle rausbrechen. Regelmäßig, mindestens nach jedem Meter, musste man den Streb mit Stempeln, früher mit Holz-, später mit Eisenstützen, ausbauen, damit einem die Decke nicht auf den Kopf fällt. Mit Wolfgang, den ihr ja kennengelernt habt, habe ich damals zusammen gearbeitet. Und irgendwie haben wir nicht richtig aufgepasst, haben nur daran gedacht, möglichst viel Kohle rauszubrechen und das Hangende nicht richtig abgestützt. Jedenfalls hat es plötzlich angefangen zu krachen. Zuerst war es ein Grummeln, als wenn es ein Gewitter gäbe, dann wurde es ein Donnern und im nächsten Moment prasselten neben uns die Steine runter. So viele, dass sie den ganzen Streb versperrten. Ich habe zuerst gar nicht begriffen, was passiert war, aber als es plötzlich ganz still um uns herum war, habe ich es kapiert. Das Hangende war runtergekommen und hatte uns eingesperrt. Wie die Mäuse saßen wir in der Falle. Wolfgang hat angefangen zu brüllen. Hallo, hallo, hat er gerufen, hört ihr uns? Aber das war natürlich vergeblich. Niemand hat uns geantwortet, weil uns niemand hören konnte. Ich habe ihn angeschrieen, dass er ruhig sein soll, weil man bei jeder Anstrengung Luft verbraucht, und wir hatten ja in unserem Reststreb, in unserem Erdgefängnis, nicht viel davon. Wir haben uns dann nebeneinander gesetzt, haben versucht, ganz ruhig zu atmen, obwohl wir furchtbar aufgeregt waren.
Mit der Zeit wurde die Luft trotzdem wärmer. Frischluft drang ja nicht zu uns vor. Wir hatten matte Wetter, sagen die Bergleute. Es war unglaublich, wie sehr wir geschwitzt haben. Überall am Körper rann uns der Schweiß herunter. Und dunkel war es um uns herum, entsetzlich finster, weil wir unsere Lampen ausschalten mussten. Wir mussten ja unseren Akku schonen, weil wir ja nicht wussten, wie lange wir in der Falle sitzen würden.
Onkel Albert schaut die beiden an. „Könnt ihr euch das vorstellen? Wir beide da unten in tiefschwarzer Nacht und die Luft wird immer dünner und wärmer?"
Anna und Tim nicken. So halbwegs können sie das, obwohl sie es gar nicht wollen. Viel zu furchtbar ist der Gedanke, tief unten in der Erde, in einem dunklen Loch, gefangen zu sein.

„Nach und nach habe ich das Zeitgefühl verloren", fährt Onkel Albert fort.
„Ich wusste nicht mehr, ob eine Stunde vergangen war oder zwei oder noch mehr. Ich wusste auch nicht, ob es Nachmittag oder Abend oder schon Nacht war, denn um uns herum war alles immer nur schwarz. Kein Windhauch, keine Farbe, nichts. Diese Stunden habe ich nie vergessen, Wolfgang und ich im schwarzen Loch. Und immer, wenn ich von Grubenunglücken lese, fallen sie mir wieder ein. Dann ist es so, als wäre alles gestern gewesen.
Wir haben dann angefangen, uns Geschichten zu erzählen. Was wir als Kinder erlebt haben, welche Streiche wir unserem Lehrer gespielt haben. Ich glaube, wir haben sogar gelacht dabei, einfach um uns abzulenken. Schließlich haben wir geschwiegen und an unsere Familien gedacht. Was würde mit unseren Frauen und Kindern geschehen, wenn wir nicht mehr wiederkämen? Wir würden nicht mehr sehen können, was aus unseren Kindern wird, haben wir gedacht und sind darüber noch trauriger geworden.
Irgendwann habe ich aber plötzlich ein Geräusch gehört. Ich habe Wolfgang gesagt, dass er lauschen soll. Aber erst mal haben wir nichts gehört. Dann plötzlich gab es wieder ein Geräusch, gerade so, als würde jemand leise an Steinen kratzen. Und dann wurde das Geräusch immer lauter.
Sie kommen, habe ich gerufen. Sie kommen, Wolfgang, und sie holen uns! Vor Freude sind wir aufgesprungen, habe uns umarmt und dann haben wir ganz laut gebrüllt. Hier, haben wir gerufen, hier sind wir!"
Anna und Tim atmen auf. Zu schrecklich war das gewesen, was Onkel Albert ihnen erzählt hat. Jetzt sind sie richtig froh, dass alles doch noch gut ausgegangen ist. Aber irgendwie war das schon vorher klar, Onkel Albert sitzt ja neben ihnen. Wenn es anders gewesen wäre, gäbe es ihn gar nicht. Aber Onkel Albert hat so spannend erzählt, dass sie alles andere vergessen haben.
„Das Warten fiel uns plötzlich noch schwerer, obwohl wir nach einiger Zeit sogar Stimmen hörten. Geht so weit zurück wie möglich, hat eine Stimme gerufen.
Wir wussten, dass es der Steiger war, also unser Chef. Gleich durchbrechen wir die Wand, hat er gerufen, aber wir wissen nicht, ob dann wieder Steine runterbrechen. Geht so weit zurück wie möglich!
Und dann war plötzlich wirklich ein Loch in der Wand und ein Mann zwängte sich hindurch. Es war der Steiger. Er hat uns erst mal was zu trinken gegeben, denn wir waren schrecklich durstig. Dann hat er uns gedrängt, Ruhe

zu bewahren. Erst wenn das Loch groß genug wäre, sollten wir hindurchkriechen. So haben wir es dann auch gemacht.
Als wir nach über Tage kamen, warteten unsere Frauen schon oben. Ich werde nie vergessen, wie fest mich meine Frau gedrückt hat, als ich aus dem Korb trat. Über zwei Tage waren inzwischen vergangen und meine Frau hatte die letzte Nacht hindurch, ohne nach Hause zu gehen, vor dem Zechentor auf mich gewartet."
Onkel Albert schweigt einen Moment lang.
„Ja, das war es, woran ich heute Morgen denken musste, als ich die Schlagzeile las."
Anna und Tim nicken. Ja, jetzt verstehen sie, warum Onkel Albert so einsilbig war, als sie zu ihm kamen. Wenn sie so etwas erlebt hätten, würden sie es auch niemals vergessen, da sind sie sich sicher. Und sie würden immer, wenn sie daran erinnert würden, traurig werden.
„Trotzdem", sagt Tim plötzlich, „obwohl es schrecklich sein muss, im Streb eingeschlossen zu sein, würde ich gern mal sehen, wie es da unten aussieht. Jetzt, wo ich schon so viel darüber erfahren habe."
„Das geht doch nicht!", ruft Anna. „Kinder dürfen da bestimmt nicht runter. Was du dir vorstellst!"
Onkel Albert schmunzelt. „Da hast du recht und auch wieder nicht", sagt er. „Passt mal auf, vielleicht finde ich sogar eine Lösung."

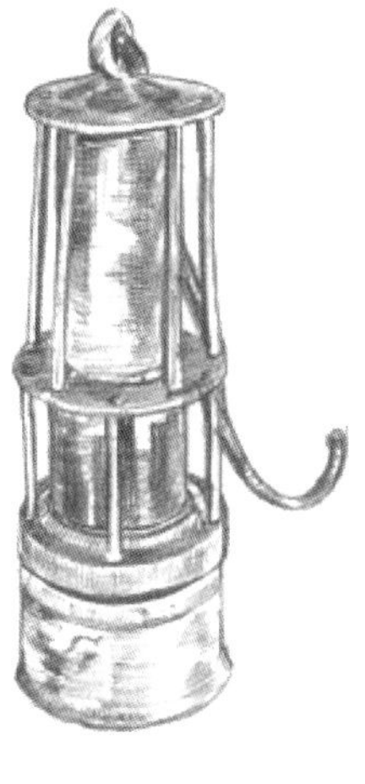

Ein paar Tage später fahren die drei mit dem Zug nach Bochum. Mama und Papa waren einverstanden, als Onkel Albert ihnen die Fahrt vorschlug. Wenn Onkel Albert dabei ist, haben sie keine Angst um die beiden. Mama hat ihnen eine Tasche mit Broten, Schokoriegeln und zwei Flaschen Apfelschorle gepackt, die sie abwechselnd tragen.
„Können wir wirklich in ein Bergwerk einfahren?", fragt Anna.
„In ein Bergwerk nicht", antwortet Onkel Albert, „aber unter Tage fahren wir trotzdem ein. Ihr werdet es ja sehen."
Gut eine Stunde später stehen sie wieder vor einem großen Förderturm wie bei der Zeche in ihrer Heimatstadt. Eine Steintreppe führt in eine große Halle. Onkel Albert kauft am Eingang drei Eintrittskarten, dann durchqueren sie die Halle und stehen plötzlich vor einem Förderkorb. Auf einer Bühne über dem Korb steht eine als Bergmann verkleidete Puppe und schaut zu ihnen herunter. Die Puppe ist so gut verkleidet, dass sie wie echt aussieht. Anna und Tim wissen, was geschieht. Gleich kommt ein Korb hoch, dann wird das Gitter weggeschoben und sie können einfahren. Runter, tief in die Erde.
„Ganz so tief fahren wir nicht ein", erklärt Onkel Albert. „Das hier ist ein Museum, kein still gelegtes Bergwerk. Aber knapp zwanzig Meter geht es in die Tiefe."
Der Korb sieht etwas anders aus als auf der Zeche, mehr wie ein normaler Fahrstuhl, aber als die drei einen Augenblick später unten ankommen, sind sie wirklich in einer anderen Welt.

Der Gang, durch den sie zuerst laufen, ist eine Strecke, erklärt Onkel Albert. Im Schacht saust man runter ins Bergwerk, versuchen sich Anna und Tim einzuprägen, eine Strecke führt von dort aus zu den Kohlefeldern und die Gänge, in denen die Kohle abgebaut wird, heißen Strebe.
Zu ihren Füßen verlaufen schmale Eisenbahnschienen. Tatsächlich steht irgendwo eine kleine Lok mit ein paar Anhängern.
„Damit wurde später die Kohle zum Förderkorb gezogen", sagt Onkel Albert.
Dann sehen sie den ersten kleinen Streb. Er befindet sich schräg im Berg, Stempel aus Holz stützen ihn. Onkel Albert zeigt ihnen, wie die Bergleute in diesem Streb schräg auf der Seite liegend gearbeitet haben. An den Stempeln mussten sie sich abstützen, um liegend die Kohle aus dem Flöz zu hacken. Hacke und Schaufel brauchten sie dazu. Die Hacke, um die Kohle loszuschlagen, und die Schaufel, um die Kohle in den Waggon zu laden.
„Das war das Werkzeug des Bergmanns", erklärt Onkel Albert. „Aber ein Bergmann sagt nicht Werkzeug, sondern Gezähe. Hacke und Schaufel waren sein wichtigstes Gezähe."
Anna und Tim versuchen, seine Bewegungen nachzumachen und merken, wie sie dabei immer wieder abrutschen. Nein, so schwierig haben sie sich die Arbeit nicht vorgestellt.
„Ja, so war das ganz früher", sagt Onkel Albert. „Aber los, weiter. Jetzt zeige ich euch, wie es zu meiner Zeit war."
Tatsächlich kommen sie kurz danach zu einem anderen Streb, in dem die Decke, also das Hangende, mit Eisenstempeln abgestützt wird. Hier sieht es schon moderner aus. Mit Presslufthämmern haben die Bergleute die Kohle gefördert. Auch das führt Onkel Albert ihnen vor. Anfangs musste sie auch hier noch auf Waggons geladen und zum Schacht gefahren werden. Später fiel sie auf ein Band, das sie zum Schacht transportierte.
Der letzte Streb, den sie sehen, ist ganz modern. Onkel Albert sagt, dass er hier nur noch kurz gearbeitet hat. Am Flöz vorbei zieht ein Hobel, der die Kohle rausschält, gleichzeitig läuft vor dem Hobel ein Band, das die rausfallende Kohle sofort wegtransportiert. „Kettenkratzförderer nennt man das", erklärt Onkel Albert. „Die Bergleute sagen Panzer dazu."
Man kann den Hobel sogar anstellen. Sofort bewegt er sich an der Kohlewand entlang und ein Lärm ertönt, dass man sein eigenes Wort nicht mehr versteht.
„In so einem Streb wurden nicht mehr viele Bergleute gebraucht", sagt Onkel Albert. „Es waren nur noch wenige, die die Hydraulikstempel zum Abstützen des Hangenden, die

Rundgang
Rundgang

Band und Hobel vorschieben mussten, wenn ein Stück vom Flöz weggehobelt war. Das ging ganz automatisch. Und die Stempel über den Köpfen der Arbeiter fingen mit Stahlplatten das Hangende ab. Man nennt das Schildausbau."

Den beiden beginnt der Kopf zu schwirren, so viel erklärt Onkel Albert ihnen. Ob sie das alles behalten können? Da sind sich Anna und Tim nicht sicher. Aber wenn sie was vergessen oder noch eine Frage haben, wissen sie ja, an wen sie sich wenden können.

Zum Schluss zeigt ihnen Onkel Albert noch eine riesige Maschine, die einen großen Bohrer wie einen Arm von sich streckt.

„Damit wurden die Strecken vorgetrieben", sagt er. Auch diese Maschine kann man anstellen. Mit einem Höllenlärm stößt der Bohrer gegen die Wand und versucht, Felsbrocken rauszubrechen. Natürlich macht er das nicht richtig, er deutet es nur an. Andernfalls ginge mit der Zeit das Museum kaputt.

Während sie durch die Strecke zurück laufen und an dem alten Streb, der mit Holzstempeln ausgebaut wurde, vorbeikommen, ertönt plötzlich aus einem Gang ein Wiehern. Anna und Tim schauen überrascht herüber. Tatsächlich, da ist ein Pferdestall und ein Pferd, freilich eines aus Holz, steht darin. Und an einem Schild steht sogar sein Name. Tobias heißt es.

„Ja, der Name war damals beliebt bei Grubenpferden", sagt Onkel Albert. „Ich glaube fast, jede Grube hatte ihren Tobias."

„Toll ist das alles", sagt Tim, „jetzt kann ich mir endlich vorstellen, wie die Arbeit der Bergleute tausend Meter unter uns aussieht."

„Ja, hier kann man viel sehen", entgegnet Onkel Albert, „aber eines ist in einem richtigen Bergwerk doch noch ganz anders."

„Und was?", fragt Anna.

„In einem richtigen Bergwerk ist es viel wärmer. Hier ist die Luft, der Bergmann sagt Wetter dazu, richtig frisch. Aber in tausend Meter Tiefe, da sind die Wetter warm. Manchmal sind sie über dreißig Grad heiß. Und staubig ist es dazu, so dass man schwitzt und der Staub einem überall auf der Haut klebt."

„Doch, das wissen wir", rufen Anna und Tim gleichzeitig. „Nach einer Schicht sieht man dann aus wie ein ..."

„ ... wie ein Schwarzer, ich weiß", ergänzt Onkel Albert.

Tobias

Später sitzen die drei auf Bänken vor dem großen Museum. Anna und Tim essen ihren Schokoriegel, trinken Apfelschorle dazu und schweigen. Zu sehr wirkt in ihnen nach, was sie alles gesehen haben. Sie müssen die vielen Eindrücke, die sie gerade gewonnen haben, erst noch verarbeiten. Onkel Albert schmunzelt, als er es bemerkt. Aber das wird schnell gehen, ahnt Onkel Albert. Nicht mehr lange, dann werden die beiden sich gegenseitig ins Wort fallen beim Erzählen.
Und genauso kommt es. Als die drei nach Hause kommen, hat Mama auf der Terrasse einen Tisch gedeckt mit fünf Gedecken. Ein fruchtig-roter Erdbeerkuchen steht darauf, eine Schüssel mit Sahne daneben und Onkel Albert freut sich, als Mama ihn einlädt.
„Erdbeerkuchen habe ich immer am liebsten gegessen", sagt er. „Natürlich mit Sahne darauf."
Papa bringt für Anna und Tim Kakao aus der Küche, während er selber, Mama und Onkel Albert Kaffee dazu trinken. Sie haben das erste Stück Kuchen noch gar nicht richtig im Mund, da geht es schon los. Die beiden erzählen von Strecke und Streb, von Schacht und Förderkorb und vom Stempelausbau mit Holz- und Eisenstempeln. Immer wieder fallen sie sich dabei gegenseitig ins Wort, so dass ihre Eltern irgendwann laut loslachen.
„Mein Gott, das muss ja toll sein im Bochumer Museum", sagt Mama schließlich. „Wie wäre es, wenn ihr mit uns mal dahin fahren würdet? Dann könntet ihr uns alles zeigen. Jetzt, wo ihr so genau Bescheid wisst."
Von der Koppel drüben ertönt leises Wiehern und Meckern.
„Ne", sagt Onkel Albert, „das geht jetzt zu weit. Erdbeertorte können meine drei Freunde nicht bekommen. Die ist ganz allein für uns bestimmt."

Sammlung bergbaulicher Begriffe

Alter Mann	die durch die Kohlengewinnung entstandenen Hohlräume unter der Erde
Auffahren	Herstellen der Gänge unter Tage
Ausbau	Mittel, mit deren Hilfe alle Hohlräume offengehalten/abgestützt werden
Ausfahren	das Grubengebäude unter Tage verlassen
Ausrichten	Herstellen der Hauptzugänge zu den Kohlevorkommen
Berge	taubes Gestein, das beim Kohlenabbau und beim Streckenvortrieb anfällt
Bewetterung	Zufuhr frischer Luft nach unter Tage, Klimatisierung der Grube
Einfahren	sich nach unter Tage begeben
Fahren	sich unter Tage fortbewegen – auch zu Fuß
Flöz	Kohlenschicht unter Tage, die ins Gestein eingebettet ist.
Flözmächtigkeit	Dicke der Kohlenschicht im Gebirge
Förderkorb	meist mehrstöckiger Aufzug in den Schächten des Bergwerks
Füllort	untertägiger Personen- und Güterbahnhof
Geleucht	die Beleuchtung unter Tage
Gezähe	Werkzeuge der Bergleute
Grubengas	leicht brennbares und explosives Gas (Methan/CH_4), das in Kohlengruben vorkommt
Halde	Aufschüttung der bei der Kohlengewinnung anfallenden Berge (= Steine), es gibt auch Kohlen- oder Kokshalden
Hängebank	Platz, an dem über Tage die Förderkörbe be- und entladen werden und die Bergleute ein- und aussteigen
Hangendes	unmittelbar über dem Flöz liegende Gesteinsschicht
Hauer	Bergarbeiter mit abgeschlossener bergmännischer Ausbildung
Kumpel	Kollege, Arbeitskamarad im Bergbau
Liegendes	Unmittelbar unter dem Flöz liegende Gesteinsschicht
Rasenhängebank	Einstiegsstelle am Schacht zu ebener Erde
Pütt	das Gleiche wie Zeche, Grube oder Bergwerk
Seilfahrt	Personenbeförderung im Schacht
Schacht	der meist senkrechte Zugang zu den Grubenbetrieben unter Tage
Sohle	Stockwerk des Bergwerks
Stempel	Stütze aus Stahl oder Holz, um das Gestein/Hangende abzustützen
Stollen	eine Strecke, die unmittelbar von Tage aus in den Berg führt, die Eingangsöffnung heißt Stollenmundloch
Streb	der Ort, wo die Kohle abgebaut wird
Strecke	alle tunnelartigen Gänge unter Tage
Teufe	bergmännischer Ausdruck für Tiefe
Vor Ort	Arbeitsplatz unter Tage
Wasserhaltung	alle Maßnahmen, die dazu dienen, den Wasserzufluss in der Grube zu sammeln und zu Tage zu fördern
Wetter	Luft unter Tage, frische Wetter = Frischluft, schlagende Wetter = Luft mit zündfähigem Methananteil, matte Wetter = Luft mit zu wenig Sauerstoff und zu hohem CO_2-Anteil
Zeche	anderer Name für Bergwerk oder Schachtanlage

Die Autoren:
Heinrich Peuckmann, geb. 1949, lebt mit seiner Frau und seinen drei Söhnen in Kamen bei Dortmund. Er schreibt Bücher für Kinder und Erwachsene. Für Kinder schreibt er gerne in der bekannten Radioreihe „Ohrenbär". Insgesamt hat er fast 40 Bücher veröffentlicht, darunter auch mehrere Krimis. Peuckmann ist Mitglied im PEN und in der Krimiautorenvereinigung „Das Syndikat".

Philipp von Ketteler, 1967 in Münster geboren, machte 1996 an der Fachhochschule Münster sein Diplom als Grafik-Designer. Er arbeitete anschließend sieben Jahre in einer Werbeagentur. Seit 2003 ist er selbstständig als Werbegrafiker und Illustrator in Münster tätig.

Danksagung:
Verlag und Autoren danken dem Deutschen Bergbau-Museum, Bochum, insbesondere der Abteilung Besucherservice/Museumspädagogik, für die fachkundige und freundliche Beratung beim Zustandekommen dieses Buches.

Impressum

Printed in Germany
ISBN 978-3-402-12828-2